AF589036

PERFECTIONNEMENT

DE

LA CULTURE DES GRAINS

NOMMÉS CÉRÉALES.

PERFECTIONNEMENT

DE

LA CULTURE DES GRAINS

NOMMÉS CÉRÉALES;

PAR J. L. F. SINET.

> Le travail et l'intelligence sont la source de toutes les vertus et de tous les biens.

PARIS,

CHEZ DELAUNAY, PÉLICIER, Libraires, Palais-Royal.

De l'Imprimerie de VIGOR RENAUDIERE, MARCHÉ-NEUF, N.° 48.

1821.

PERFECTIONNEMENT

DE LA

CULTURE DES GRAINS

NOMMÉS CÉRÉALES.

RIEN dans ce monde n'est plus important que le perfectionnement de la culture des grains, puisqu'ils sont la base fondamentale de notre existence, de notre commerce et de notre prospérité.

Il y a long-temps que l'idée m'est venue de mettre par écrit le résultat de mes méditations et de mes expériences sur cet objet. Mais s'il faut le dire, la crainte de mal rendre mes pensées avec une plume novice et peu exercée, m'a retenu, jusqu'à présent, où enfin secouant le joug de la timidité, j'ai osé franchir les bornes de la tranquille obscurité, pour échouer peut-être au premier pas. Mais encouragé par le désir d'être utile, tous les obstacles doivent disparaître. On aura sans doute la générosité de me passer des fautes en faveur de l'intention ; et comme il ne s'agit ici que d'une science simple et naturelle, j'ai cru qu'il suffirait que je m'expliquasse clairement pour me faire entendre; et qu'enfin une bonne idée ne pouvait pas devenir mauvaise par une faute d'ortographe : du moins je me l'imagine et je compte pour le reste sur l'indulgence de mes lecteurs.

Élevé à la campagne par des parens cultivateurs, les premières années de ma jeunesse furent employées à la culture que je ne quittai qu'à l'âge de vingt-cinq ans pour prendre la profession que j'exerce aujourd'hui dans la commune de Sceaux près Paris. J'ai quitté les travaux de la terre pour m'occuper de ceux du bâtiment, mais mon cœur est resté à la terre ; car quoique la culture soit sans contredit l'art le plus rude et le moins lucratif de la société, (1) elle a des charmes si attachans qu'on ne s'en sépare jamais qu'à regret ; aussi fut-elle toujours l'objet de mes observations et d'une infinité de petites expériences que je

(1) On peut en excepter ceux qui ont de grands domaines à faire valoir.

n'ai cessé de faire dans le peu de terrain que je fais valoir pour mon agrément.

Je ne connais pas tous les ouvrages sur l'agriculture. J'ignore absolument si ce que je traite en ce moment a déjà été écrit. Occupé de mon ouvrage et de mes méditations, le reste m'est fort peu connu ; mais je pense que la culture des grains est susceptible d'un perfectionnement dont on a peut-être pas d'idée.

La matière que j'entreprends de traiter n'est pas sans difficulté, il faudra lutter contre de vieilles routines accréditées, et contre la présomption des fermiers qui ne voudront pas convenir qu'il puisse exister de méthode meilleure que la leur, ils ne manqueront pas de dire que leurs pères avaient bien autant d'esprit que moi et qu'ils n'auraient pas manqué de mieux faire si la chose eût été possible. Mais tous ces faux raisonnemens ne m'arrêteront pas; je me suis armé de ma plume, je déclare que je vais combattre les préjugés de toutes mes forces ; et dussé-je succomber, j'aurai rempli un devoir que tout homme de bien doit s'imposer, celui de faire tous ses efforts pour participer à la prospérité de son pays.

Les sciences et les arts ont cela de particulier

qu'on ne peut pas s'en occuper infructueusement, car à moins qu'on ne suppose un auteur tout-à-fait inepte ou imbécille, il se trouvera nécessairement quelque chose de bon dans son ouvrage et alors son but est rempli, car il a contribué à leur perfectionnement; et s'il se trompe, ses erreurs auront encore leur utilité puisqu'elles donnent presque toujours lieu à des méditations et à des réfutations qui tendent à la connaissance de la vérité. C'est une idée bien consolante pour un pauvre auteur écrasé par une censure judicieuse, quand il pense que cette censure qui est contre lui, a pu donner des lumières utiles (car la critique est aisée et l'art difficile) et dans ce cas, l'auteur aura au moins le mérite de la découverte puisqu'il y a donné lieu. Le créateur seul produit des œuvres parfaites; l'homme doit se contenter de faire des ébauches.

Mon projet était de traiter une plus ample matière; mais mes occupations ne me laissant que très-peu de loisir, je diviserai mon plan en deux petits ouvrages, afin de ne pas différer plus long-temps la publication de celui-ci : s'il est accueilli par le public, je redoublerai mes efforts pour produire le second plus promptement; mais avant tout, je vais faire mon possible pour traiter celui-ci le plus clairement que je le pourrai. Je prie mes lecteurs de faire plus d'attention au sujet que je traite qu'à mon style car je m'avoue très-faible en rhétorique.

Voici ce que je me propose de traiter dans mon second ouvrage qui aura pour titre :

IDÉES SUR L'ÉCONOMIE RURALE.

Il comprendra :

Les progrès de l'agriculture et de la population depuis le commencement du monde.

La nécessité absolu de propager les bois en France avec un traité raisonné de leur culture et de leur utilité.

Projet sur la double plantation des routes et les avantages qui doivent en résulter.

Causes primitives de l'insalubrité des lacs, étangs et marais. Moyen d'en diminuer les effets pernicieux.

Et diverses considérations sur les lois physiques de la nature.

On doit considérer comme incompréhensible, que dans un pays agricole comme la France, où l'industrie est portée à son comble ; et où l'art de l'agriculture est arrivé à un assez haut dégré de perfection, on soit exposé à éprouver des disettes réelles ou factices, chaque fois qu'une saison ne suit pas son cours régulier. Cependant notre population n'est pas excessive; elle est encore susceptible d'augmentation. Il est probable que la peur nous fait ici plus de mal que la cause; et que l'intempérie des saisons, n'est souvent qu'un prétexte au renchérissement qui donne l'alarme; d'où naît tout le mal. La crainte de manquer fait que chacun court faire sa provision, met la disette dans les marchés, et participe, sans s'en douter, au malheur général : cette crainte de manquer est devenue si naturelle, qu'elle a donné lieu à une clause que les notaires ne manquent jamais d'insérer dans les baux de fermage pour la sureté du propriétaire « qu'une partie fixée du prix de la location sera payée en argent ou en blé à la volonté du bailleur ».

Si ce mal n'était que passager, ce ne serait encore rien; mais ces pénuries réitérées ont donné un élan vers la hausse, qu'il sera peut-être impossible de réprimer. Il n'y a donc qu'une grande abondance qui puisse rétablir l'équilibre; mais il faut y arriver à ce moyen d'abondance; c'est là le but de cet ouvrage.

Quoique nous soyons quelquefois inquiétés par des apparences de disette, qui nous font beaucoup de mal, il ne faut pas s'imaginer que nous soyons au bout de nos ressources. Je me propose de le prouver à la suite de ce traité : en attendant, pour dissiper les craintes, je crois pouvoir assurer que le double de notre population actuelle pourrait encore vivre avec le seul produit de notre sol et une économie bien entendue.

CULTURE DU BLÉ.

Je ne prétends pas traiter de la culture du blé proprement dite ; elle est assez connue de tous les cultivateurs ; je crois qu'il suffira que j'en dise deux mots pour l'intelligence de cet ouvrage et pour ceux qui n'en auraient aucune notion.

Quand le terrain que l'on destine au blé n'est pas en mauvais état, il suffit de lui donner deux labours pour le préparer à recevoir la semence : le premier à la fin de l'été, et le second vers la mi-octobre ; il y a des terrains qui exigent un labour plus ou moins profond, suivant que la terre est plus ou moins légère. Je ne connais pas de règle certaine à ce sujet et je crois que le plus sûr est de s'en rapporter à la pratique que l'expérience a fait adopter dans chaque lieu ; on doit néanmoins observer de faire le premier labour plus profond que le second.

Ce qu'il est bien essentiel d'observer, c'est de semer le blé en saison, car les paresseux ne gagnent jamais : cette saison est du 15 octobre au 15 novembre. On en sème plus tard qui réussit souvent, il est vrai, mais la *bonne* méthode est toujours la *meilleure*. Il est clair que plus l'on tarde, plus le terrain devient froid et pesant par les pluies de l'arrière saison, et plus le grain a de peine à lever; on peut en donner deux raisons : la première, parce que la terre étant plus humide, elle est naturellement plus mate et moins friable ; alors il se forme plus de mottes en labourant et tous les grains qui se trouvent dessous ne peuvent pas lever. La deuxième, parce que la trop grande humidité rouit le blé, décompose sa partie glutineuse qui constitue le germe, pour peu qu'il ne soit pas parfaitement sain et le fait enfin pourrir. C'est pourquoi on est forcé d'employer plus de semence quand on sème tard que lorsqu'on sème de bonne heure. On pourrait encore donner une troisième raison, c'est que la végétation étant tout-à-fait arrêtée par l'effet des premières gélées, le grain se trouve dans un état létargique qui peut lui devenir funeste si l'hiver est rude. On voit des blés, dans cet état, ne lever qu'au mois de mars; mais on est fort heureux quand il reste le quart de la semence; enfin on pourrait ajouter que tant qu'il est en terre, il est encore exposé au ravage des animaux qui en font leur nourriture.

Une maxime générale fondée sur l'expérience, c'est que tous les grains qui restent plus long-temps en terre qu'il n'est strictement nécessaire au développement de leur germe, sont dans un état voisin de la putréfaction, lèvent fort mal, et n'offrent souvent qu'une végétation languissante.

CHOIX DE LA SEMENCE.

Jusqu'ici je suis à-peu-près d'accord avec les cultivateurs, mais dans le choix de la semence, je crois que nous ne le serons pas, car je ne pense pas du tout comme eux à ce sujet.

Ils choisissent ce qu'on nomme la tête du blé pour leur semence. Je suis bien d'avis qu'il faut choisir la meilleure espèce, le grain le plus sain et surtout celui qui a été rentré bien sec; mais je crois qu'il est inutile que ce soit le plus beau, le plus lourd, enfin celui qui contient le plus de farine. C'est même une duperie, car un petit grain de blé bien sain lèvera tout aussi bien qu'un gros et fournira de tout aussi beaux épis, si son essence est d'une belle espèce.

Par exemple, du blé versé par les ouragans, n'est pas très-bon pour la semence; non pas parcequ'il ne doit pas produire d'aussi bonne récolte, mais parcequ'il est avorté et arrêté dans sa végétation et que le germe en est souvent altéré : or dans ce cas, il faudrait en employer le double, ce qui deviendrait plus cher que d'acheter de bon blé.

Mais si ce grain n'est maigre que par l'effet de sa sécheresse ou du mauvais terrain sur lequel il est venu, qu'il ne soit attaqué d'aucune maladie, alors il sera très-bon pour la semence et d'autant plus avantageux qu'il sera plus petit, parcequ'il en faudra beaucoup moins, en poids et en mesure, pour semer la même surface. Je dirai plus, il est meilleur. Le dégré d'embonpoint des plantes et des animaux, si je puis m'exprimer ainsi, n'est souvent que l'apparence de la santé, et n'est pas du tout la preuve de leur fécondité. Nous en avons tous les jours des exemples, car dans l'homme et dans les animaux, l'excès de l'embonpoint n'est qu'une surabondance de chair et de graisse qui est plutôt nuisible qu'utile à la santé. Dans les grains c'est la même chose. Dans le blé, par exemple, la partie glutineuse qui constitue le germe, est tout aussi forte et tout aussi bien constituée dans un grain maigre, que dans un gros grain, et tout le reste n'est que de l'amidon qui ne contribue pas plus à son développement qu'à sa nourriture, c'est purement une enveloppe que la nature lui a donnée pour sa conservation, comme étant la matière la moins fermentative et la moins corruptible du grain.

Pour bien comprendre ceci, il faut savoir que le blé est composé de trois matières, qui sont; le gluten, l'amidon et une partie sucrée. Ces trois matières sont très distinctes dans la farine, et peuvent s'extraire à l'aide de l'eau seule, en formant une pâte qu'on laste en la malaxant dans les mains jusqu'à ce qu'elle ne blanchisse plus l'eau, on obtient ce qu'on nomme le gluten; ce qui tombe au fond de l'eau est l'amidon, et on dégage la partie sucrée qui se trouve dissoute dans cette eau, en la faisant évaporer.

C'est le gluten et la partie sucrée qui sont les seules matières fermentatives du blé, et les seules qui puissent se décomposer. L'amidon en est la partie nutritive, il n'est susceptible ni de fermentation, ni de putréfaction. C'est le gluten qui rend le pain de froment si léger; car sans lui la pâte ne lèverait que très-imparfaitement; c'est pourquoi les grains qui n'en ont pas (comme l'orge et le seigle) font du pain très-lourd et très-mat (1).

Je le répéterai encore, s'il le faut; pour que le blé et toutes les graines en général soient propres à la semence, il faut qu'ils aient acquis leur maturité naturelle, et surtout qu'ils soient rentrés bien secs, leur grosseur n'ajoute pas plus à leur bonté qu'à leur vertu prolifique; seulement le beau blé a plus d'amidon, rend plus de farine, et est par cette raison plus

---

(1) Une chose bien remarquable de ce gluten, c'est qu'une fois extrait de sa farine, il n'est plus dissoluble qu'à l'esprit de vin; mais étant dissout il donne un vernis élastique, dont on se sert pour vernir tous les papiers à cartonner.

avantageux pour le meûnier que pour le semeur.

Ainsi d'après ce raisonnement fondé sur les lois de la nature, on a un double avantage à semer de petit blé, 1.° parce qu'il en faut beaucoup moins, 2.° parce qu'on conserve le gros qui est plus abondant en farine et qui nous donne un pain plus savoureux.

A l'égard du mauvais blé, il est toujours désavantageux de l'employer quel que soit l'usage qu'on en veuille faire, car celui qui n'est pas bon pour la semence n'est pas meilleur pour la panification, parce que la matière glutineuse ayant perdu sa vertu fermentative, il ne lève que très imparfaitement ; alors le pain est lourd, mal sain et de très-difficile digestion ; il joint à cela un mauvais goût contracté par la putréfaction du germe, qui seul, dans le blé, est corruptible, comme je l'ai dit plus haut. L'amidon qui constitue la farine peut bien se rouir, se moisir, et s'échauffer instantanément, mais il n'y a que les tems et les insectes qui puissent le détruire. C'est par la même raison que le pain ne se gâte point ; une fois cuit, il est incorruptible. Il peut bien se moisir et être altéré par l'humidité, mais il n'entre jamais en putréfaction.

Je donne tous ces faits comme ayant été vérifiés par moi. Je ne demande pas qu'on me croie aveuglément, car je ne suis pas infaillible, je demande seulement qu'on m'écoute, et ensuite qu'on observe comme je l'ai fait ; alors mon but sera rempli : j'aurai éveillé l'attention sur un objet qui pourra peut-être présenter quelqu'avantage par la suite.

Actuellement passons à un autre point non moins important, je veux parler du semis.

Je ne sais pas jusqu'à quel point l'échaudage des grains est utile à la semence. Il me semble que c'est s'écarter des lois toutes simples de la nature que d'employer un aussi singulier moyen ; cependant il est accrédité, je ne chercherai pas à le combattre ; je dirai plus, je le crois bon.

Mais je ne crois pas la méthode de semer les grains sur champ (comme cela se pratique presque généralement) aussi bonne.

Elle a plusieurs inconvéniens que je vais faire sentir le mieux qu'il me sera possible ; je prie MM. les fermiers de ne pas prendre ce que je dis en mauvaise part, car mon seul but est de participer, s'il est possible, au perfectionnement d'un art qui intéresse la société.

Je dis donc que la méthode de semer sur champ n'est pas bonne par la raison qu'elle n'est pas économique ; parce que tous les grains ne se trouvent pas enterrés à une égale profondeur ; il y en a qui ne le sont pas suffisamment et d'autres pas du tout. Il est clair que la herse mêlant la terre avec le grain en tous sens, celui qui n'est pas tombé au fond de la raie par l'action du semeur, reste en partie à sa surface. Ce n'est pas que dans cet état, il germe et lève tout aussi bien que le premier ; mais il est bien plus exposé à être mangé par les animaux destructeurs qui en font leur nourriture, et aux effets de la gelée qui anéantissent souvent une partie de nos récoltes avant leur naisssance.

Cependant le blé ne gèle pas: c'est une erreur de le croire ; mais il périt souvent par les effets de la gelée. Néanmoins, ce n'est que dans les grands hivers qu'il peut être détruit entièrement, non pas par la force de la gelée, mais par une longue suite réitérée de froid qui ne lui laisse pas le temps de se refaire. Ceci mérite quelques développemens que je vais tâcher de donner, afin de chercher ensuite un remède à ce mal ; car ce n'est qu'en connaissant la cause qu'on peut en prévenir l'effet.

La providence ne nous a pas mis sur cette terre pour mourir de faim. En nous la donnant pour asile, elle l'a rendue féconde ; mais elle a voulu que cette fécondité fût toujours proportionnée à nos besoins, afin que nous ne fissions abus de rien. Les premiers hommes qui l'ont habitée n'ont pas eu besoin de travailler autant que nous, parce qu'étant moins nombreux ils avaient moins de besoins ; ces besoins étaient encore diminués par leur vie simple et frugale : or, dans cet heureux état, les produits naturels pouvaient seuls leur suffire, mais dans le siècle où nous sommes, la population étant augmentée considérablement et augmentant chaque jour, il faut que nous cherchions nécessairement à perfectionner nos moyens d'existence si nous ne voulons pas être exposés à des disettes cruelles.

Le Créateur nous a offert mille ressources en nous donnant cette sublime intelligence qui nous distingue des animaux ; ainsi nous ne pouvons mieux l'honorer qu'en en faisant usage pour sa gloire et pour nos besoins ; nous serions même coupables de ne pas nous en servir.

C'est dans l'intelligence et dans l'industrie que résident la fortune et les ressources de l'homme; car l'industrie d'un homme courageux qui souffre est si grande, que les habitans de la France fussent-ils le quadruple de ce qu'ils sont, je n'aurais aucune inquiétude, si la peur de manquer et l'égoïsme ne venaient nous tuer avant que d'être malades. Qu'on nous préserve de ces deux fléaux, et nous n'aurons jamais de disette !

Jusqu'aujourd'hui on a semé 9 à 10 boisseaux de grain par arpent de terre, tandis que deux pourraient suffire, s'il était possible de le préserver des ravages de la gelée et des animaux destructeurs; car il est prouvé qu'un grain de blé peut en rapporter jusqu'à cent dans les terrains les plus ordinaires (1). Réduisons, si l'on veut, ce rapport à cinquante, parce qu'il n'est pas possible de garantir toute la semence ; deux boisseaux en rapporteront cent, ce qui fait toujours 50 pour un. Cependant d'après la méthode usitée jusqu'à ce jour, 9 boisseaux n'en rapportent pas plus de 72, du fort au faible, ce qui n'est

---

(1) Des essais faits dans la bonne terre ont été jusqu'à 500. Cela prouve toujours que la culture du blé est perfectible, puisque dans l'état des choses, un grain n'en rapporte que 8.

que 8 pour un. Or, puisqu'un boisseau de blé qui peut en donner 50, n'en rapporte que 8 dans les meilleures années, il faut donc qu'il y ait un déchet considérable dans la semence; car tout le blé qui a survécu à l'hiver rapporte des épis qui sont d'autant plus beaux, plus nombreux et plus grenus, que les pieds se trouvent plus clairs. Je dis pied, parce que quand les grains sont clair-semés, ils forment des touffes d'épis, et les cultivateurs nomment cela piéter. On a compté jusqu'à 20 épis à un de ces pieds, et jusqu'à 70 grains à chaque épis.

J'en conclurai de tout ceci que la culture du blé est susceptible d'un grand perfectionnement.

Je propose un essai que j'ai fait en petit, quand je cultivais la terre, car ce fut, comme je l'ai dit plus haut, mon premier état. Que l'on sème quatre boisseaux de blé dans un arpent de terrain ordinaire comme on sème les pieces (1), c'est-à-dire dans la raie; qu'on le cultive comme on cultive ces derniers; et je puis assurer qu'on récoltera 8 setiers de grains si l'année est bonne, ce qui est un tiers de plus

(1) Il est question ici de l'arpent, mesure de Paris, qui contient 100 perches de 18 pieds quarrés.

que par la méthode ordinaire, avec plus de moitié de moins de semence. Je parle toujours en général et n'établit que la proportion : car il y a des variations suivant les pays, suivant la qualité du terrain, et suivant les années.

On m'objectera peut-être qu'un fermier qui cultive 3 ou 400 arpens de blé chaque année ne peut employer ces moyens. Je répondrai à cela qu'il y trouverait cependant un très-grand avantage; car s'il doit récolter deux setiers de grains de plus, ne serait-ce qu'un, avec cinq boisseaux de semence qu'il épargne, il aura une quarantaine de francs de profit par arpent, si l'on calcule d'après les taux de la mercuriale d'aujourd'hui, et cependant, il ne lui en coûtera de plus que la journée d'une femme pour semer derrière la charrue, et environ 6 journées d'hommes pour donner un léger binage à la fin de mars.

Qu'on ne craigne pas que quatre boisseaux ne soient pas suffisans pour semer un arpent; par le procédé que j'indique il y a bien moins de déchet dans la semence, et par le moyen d'un binage, le blé piète considérablement, ce qui le multiplie à l'infini.

Mais supposons que les bras ne soient pas assez nombreux dans les provinces pour ce genre de culture ; il nous offre au moins une ressource assurée qui sera toujours à notre disposition, si la population augmente ou si la nécessité l'exige : alors il en résultera deux grands avantages pour la société en général, de fournir de plus abondantes moissons, et d'occuper plus de bras.

Voyons actuellement quel est l'effet des gelées sur les grains.

J'ai déjà dit que le blé ne gèle pas, mais qu'il périt par l'effet de la gélée. L'opinion commune est que le blé ne craint pas la gelée, mais bien les faux dégels, parce qu'il se forme une glace entre deux terres qui coupe les racines. Ce raisonnement est simple et doit paraître probable ; néanmoins il ne satisfait pas encore l'observateur judicieux, car les longues gelées font toujours périr beaucoup de grains, qu'il y ait des faux dégels ou non. Or, ce ne sont donc pas toujours les faux dégels qui le font périr, mais bien l'effet de la gelée.

Quel est donc cet effet pernicieux qu'un intérêt bien cher et bien direct nous presse de connaître ? le voici :

La gelée qui resserre ordinairement tous les corps secs par son action, produit cependant un effet tout opposé sur ceux qui contiennent de l'humidité, et cet effet est d'autant plus sensible qu'ils contiennent plus d'eau, car alors au lieu de les condenser il les dilate et les brise. Cet effet extensible de la gelée a tant de force qu'il soulève les plus grosses pierres, les délite, les désunit et brise tout ce qui peut lui porter obstacle. Il est causé par la congélation de l'eau qui se réunit par petits glaçons en prenant une extension qui en augmente le volume.

Cet effet dilatatoire et expensif de la gelée, qui mine et détruit tout ce qui est friable ou qui peut contenir de l'eau, est le plus actif et le plus redoutable destructeur des bâtimens; car rien ne résiste à son action; les pierres de taille, même les plus dures, en sont attaquées plus ou moins sensiblement, suivant qu'elles sont plus ou moins denses. Présentement voyons ce que le blé éprouve de cet effet dévastateur.

Aussitôt que la gelée commence, le dessus de la terre se croûte, comprime la plante, s'adhère fortement avec elle de manière qu'elle ne forme plus qu'un tout. Or, à mesure que la gelée pénètre dans cette terre, elle la dilate et la soulève par l'effet dont j'ai parlé ci-dessus : il est clair qu'en la soulevant, le blé doit suivre la même impulsion , puisqu'il y est adhérent ; et pour suivre cette impulsion , il faut ou que les racines s'arrachent, ou qu'elles se brisent suivant que le terrain est compacte ou léger.

Qu'arrive-t-il au dégel. La terre qui était dilatée par la gelée , se recondence peu-à-peu par l'effet des premières pluies qui entraînent nécessairement avec elles dans les interstices qui s'y trouvent , un peu de sable ou de simon, ce qui remplit les vides à mesure que le dégel s'effectue. Or , le blé qui est en partie déraciné et qui a naturellement une tendance à s'élever, ne peut plus rentrer à sa place , se trouve tiré de quelques lignes hors la terre et dans un état très-critique.

Cependant si la gelée est suivie d'une quinzaine de jours de temps doux , il reprend de nouvelles racines et par conséquent de nouvelles forces , et jusques-là il n'a pas encore de mal ; mais si au lieu de temps doux , c'est un temps froid et humide, qui soit lui-même suivi par d'autres gelées successives, alors il n'a pas le temps de se refaire, chaque nouvelle reprise vient en augmenter le mal , et la souche de la plante finit par remonter à la surface de la terre ; alors elle se rouit ou se dessèche et finit par mourir. (1)

On voit clairement par cet exposé que le blé qui n'a pas été enterré suffisamment en le semant, doit se trouver entièrement déterré par cet effet aussi simple dans son principe que facile à concevoir : dans cet état, le blé est d'autant plus languissant et malade, que les gelées ont durées plus long-temps et plus en avant dans le printemps ; car ayant perdu la plus grande partie de ses racines, il n'a presque plus d'adhérence à la terre et par cette raison plus de nourriture ; et s'il arrive qu'il vienne tout-à-coup du hâle et du temps sec, à la suite des dernières gelées, alors tout est perdu ; car il se trouve desséché avant d'avoir pu se refaire, et il n'échappe à ce désastre que celui qui est encore assez enterré pour trouver quelque fraîcheur : ainsi ce sont toujours les dernières gelées qui font le plus de mal, parce qu'il se fait un changement subit dans l'atmosphère qui est pernicieux à tout le règne végétal. Je le répète, ce ne sont pas les fortes gelées qui font plus de mal, ce sont celles qui se succè-

---

(1) J'ai remarqué qu'une forte gelée soulève la terre d'environ un demi pouce.

dent le plus long-temps et le plus avant dans le printemps, et elles seront toujours d'autant plus funestes qu'elles seront suivies par un temps plus aride.

Je puis attester tous ces faits comme certains; une suite d'observations réitérées ne m'ont pas laissé le moindre doute à cet égard : non seulement la gelée produit cet effet sur le blé, mais elle le produit encore sur toute les plantes fragiles qui n'ont pas de forts pivots ou de fortes racines.

Je conclurai de tous ces raisonnemens que pour éviter autant qu'il nous est possible un aussi funeste effet, puisqu'il peut nous causer des malheurs effroyables, qu'il faut semer le blé dans la raie de la charrue au lieu de le semer sur champ; qu'il faut lui donner un tour de rouleau à la fin de l'hiver pour lui redonner de l'adhérence à la terre qu'il avait perdu par la force expulsive de la gelée ; et si on ne peut pas lui donner le binage que je propose, qu'on lui donne au moins un coup de herse à dents de fer à la fin de mars, ou à la suite d'une des premières pluies d'avril. Je reviendrai sur ce sujet en parlant des avantages du binage. Je crois que par ces moyens on pourra épargner beaucoup de semence et courir moins de risque. Tout le blé qui n'est pas enterré suffisamment peut être regardé comme perdu si l'hiver est long, et comme inutile s'il ne l'est pas, car alors le blé sera trod dru, il ne rapportera que fort peu de grain et encore moins de farine. S'il n'est pas possible de nous soustraire à la gelée, tâchons au moins d'en diminuer les effets dangereux.

Indépendamment de la gelée, le blé et le seigle ont un autre ennemi bien redoutable dans les hivers humides ; c'est le petit limaçon, nommé vulgairement loche, qui en détruit d'autant plus que la saison est plus douce, car lorsqu'il fait froid ou sec, il reste engourdi dans son repaire et ne fait pas de mal. Le seul remède que je connaisse, est de les faire chercher par des femmes ; on les coupe en deux avec un couteau ou avec des ciseaux.

SEIGLE.

La culture du seigle ne diffère en rien de celle du blé d'hiver, et tout ce que j'ai dit à ce sujet peut lui être applicable; on pourrait dire seulement qu'il n'exige pas d'aussi bonne terre et qu'il résiste mieux aux effets de la gelée ; cependant il est bien plus difficile à récolter quand la saison est pluvieuse, car la moindre humidité l'altère considérablement ; il fermente et germe très-promptement : du seigle germé est entièrement dénaturé, il n'est presque plus propre à rien, et on pourrait ajouter qu'il est très-dangereux d'en faire usage.

Le seigle n'a pas de gluten comme le bled, aussi est-il très-peu propre à la panification : sa pâte n'a pas de liaison, elle l'éve très-difficilement et fait un pain bien plus lourd, plus indigeste et moins beau.

Actuellement que l'hiver est passé, occupons nous des mars.

BLÉ DE MARS.

On nomme ordinairement mars, tous les grains qu'on seme au printemps.

Le blé de mars n'a plus l'hiver à craindre, mais il a les premières sécheresses du printemps, qui ne manquent presque jamais de venir un peu plutôt ou un peu plus tard.

Avec la méthode de semer le grain sur champ, on perd toujours beaucoup de semence. Le bon sens seul devrait faire comprendre que celui qui est resté à la surface de la terre est perdu si la sécheresse vient le saisir; car, ou il levera à deux fois, ou il ne levera pas du tout. Dans le premier cas, celui qui levera en second n'arrivera pas en maturité en même temps que le premier; il ne donnera que du blé maigre sans farine. Dans le second cas, il il sera arrêté dans sa germination par l'évaporation subite de la fraîcheur de la terre : alors le germe sera desséché et il ne levera plus, ou enfin il sera mangé par les corbeaux. Or, puisque dans tous les cas il n'y a que celui qui est bien enterré qui est véritablement bon, et d'une réussite assurée, il vaut donc mieux employer ce moyen qui présente encore l'avantage d'épargner beaucoup de semence. On pourrait encore ajouter à l'appui de ce raisonnement ce que j'ai dit du blé d'hiver, que si tout réussit il y en aura beauconp de trop; car alors il sera trop dru et donnera très-peu de grain, et c'est ce qui arrive quand le printemps est humide, parce que les cultivateurs comptant sur le déchet, que leur méthode rend habituel, en sement plus que moins. Quand on voit au printemps les blés bien verts et bien garnis, on s'imagine que la récolte sera bonne; le contraire arrivera néanmoins parce qu'ils sont trop drus : il suffit pour que les blés d'hiver soient bons, qu'il reste une demi-douzaine de plantes dans un pied carré; car, je le répète, quand il y en a beaucoup, chaque grain ne rapporte qu'un petit épis maigre, et quand il y en a peu, chaque grain rapporte jusqu'à vingt beaux épis bien grenus et bien pleins.

Qu'il soit question de blé de mars ou d'hiver, je recommande toujours le binage comme le plus puissant moyen d'avoir une belle et bonne récolte. Les façons ne sont jamais perdues (plus la terre est cultivée, plus elle rapporte); elles accélèrent la végétation en décellant la terre que les pluies compriment au pied des plantes; elles facilitent l'entrée du calorique principe de toute végétation, détruisent les mauvaises herbes qui croissent toujours au détriment des plantes cultivées, et conservent une fraîcheur artificielle sans laquelle tout languit dans la nature.

Je dis que les façons conservent une fraîcheur que je nomme artificielle, parce que sans elle la terre se dessèche bien plus promptement; car il est bien constant qu'un terrain remué après une pluie, conserve sa fraîcheur plus long-temps que celui qui ne l'est pas.

Cet effet physique fut jusqu'à présent un problême pour moi. Je ne pouvais pas concevoir comment une tetre remuée et allégée par un binage pouvait conserver plus long-temps sa fraîcheur que celle qui est comprimée et qui doit être par conséquent bien plus impénétrable au hâle, si l'on ajoute à cela qu'elle se couvre d'herbes qui viennent encore la mettre à l'abri des rayons du soleil. Cependant ce raisonnement est faux dans son principe, puisque l'expérience nous prouve le contraire; ce n'est qu'en 1821, en rédigeant cet ouvrage, que je crois avoir découvert la cause de cet effet intéressant et peut-être ignoré de tous les cultivateurs.

Je le crois causé par deux sujets différens qui demanderaient un grand développement pour les traiter à fond; mais comme je ne me propose pas de faire un traité de physique, je vais seulement m'occuper de ce qui peut avoir rapport avec l'agriculture, afin de ne rien laisser à désirer, s'il est possible, sur cette matière.

Les cultivateurs croient que quand la terre est couverte d'herbes elle sèche moins. C'est une erreur; mais comme elle est moins battue par l'effet des pluies dont les plantes reçoivent tout le choc, elle se durcit moins et se gerce moins; cela peut les avoir trompés et les tromper encore; ce qu'il y a de certain, c'est qu'elle sèche autant et peut-être davantage, ainsi qu'on va le voir.

Les plantes sont presque toujours en aspiration et en transpiration par l'effet de la chaleur du soleil. Elles aspirent la fraîcheur de la terre par leurs racines et elles transpirent par leurs feuilles (1). Cette transpiration est d'autant plus sensible que la chaleur est plus forte, parce que se faisant beaucoup trop vîte, la plante se flétrit, se courbe vers la terre, et ne reprend sa vigueur que quand la rosée du soir vient lui redonner la vie qu'elle perdrait inévitablement si cet état était successif.

On voit clairement par ce premier effet qu'un champ couvert d'herbes ne peut être plus frais qu'un autre, puisque les plantes aspirent son humidité pour s'en nourrir; c'est la chaleur et l'eau qui vivifient toute la nature. L'absence de l'un de ces deux agens peut tout anéantir. Quand le temps devient humide, la transpiration s'arrête et la plante n'aspire plus, parce qu'elle se trouve suffisamment alimentée

(1) Cet effet est trés-sensible sur un bouquet qu'on met dans une carafe, car il aspire considérablement d'eau, et cependant ne grandit pas; ce qui prouve qu'il transpire réellement.

par la fraîcheur de l'atmosphère qui la nourrit, car il faut savoir que les végétaux, en général, se nourrissent autant par leur feuilles que par leurs racines. En enfans prévoyans, ils ne sucent le lait de leur mère que quand l'air devient trop sec pour leur servir d'aliment; mais en enfans ingrats, ils ne lui rendent rien; ils s'opposent même à ce que la fraîcheur des rosées bienfaisantes en pénètre jusqu'à son sein, par l'épaisseur de leurs feuillages qui s'en saisissent avec avidité, et ne lui abandonnent que ce qu'ils ne peuvent pas porter (1). Cependant si le temps redevient sec, cette bonne mère nourrice fait de nouveaux efforts pour les alaiter encore, jusqu'à ce qu'elle soit entièrement épuisée; alors tout languit et tout meurt.

On comprend facilement qu'une terre qui n'a que peu de plantes à nourrir, ne peut pas être aussitôt épuisée que celle qui en a beaucoup; que, par conséquent, elle doit conserver plus long-temps sa fraîcheur, puisqu'elle

---

(1) Les plantes attirent la rosée, mais elles dessèchent la terre. Des épreuves réitérées ne m'ont pas laissé le moindre doute à cet égard. Je me propose de traiter ce sujet plus tard avec plus de développement.

a moins à fournir et plus à recevoir. Elle a moins à fournir, parce qu'un enfant boit moins que deux ; elle a plus à recevoir, parce que les plantes étant plus clair semées, elles laissent plus de passage aux pluies et aux rosées ; c'est la raison pour laquelle tous les végétaux qui sont semés trop dru n'offrent qu'une végétation languissante et infructueuse.

On doit commencer à concevoir l'utilité des binages, car ils détruisent les herbes inutiles et parasites, ce qui fait autant de sangsues de moins.

Mais il y a une seconde raison qui fait qu'un terrain cultivé est plus frais que celui qui ne l'est pas ; la cause est peut-être aussi simple, mais l'effet moins facile à concevoir.

Je ne connais pas assez bien les termes techniques de la chimie pour m'en servir, je dirai tout simplement que la chaleur de l'atmosphère contient de l'humidité ; que la fraîcheur de la terre attire naturellement, comme les carreaux de vitre attirent celle des appartemens quand il fait plus froid dehors. Or, d'après ce principe d'attraction, la terre attire donc l'humidité de l'atmosphère tant qu'elle conserve de la fraîcheur ; mais aussitôt que le dessus est desséché par le hâle, il se forme une croûte qui n'empêche pas l'évaporation de se faire très-profondément, mais qui empêche son attraction sur le calorique de l'air, qui, en la pénétrant, lui apporte tous les principes de la végétation. Une terre en culture paraît sécher plus vîte, parce qu'elle est plus friable, mais il n'y a absolument que le dessus qui sèche ; le dessous reste très-frais, parce que ses pores étant plus dilatés et plus ouverts, elle reçoit plus abondamment les principes prolifiques de l'air vital, elle est pénétrée plus facilement par les rosées et par les petites pluies qui paraissent effleurer à peine celle qui est en friche.

Je crois avoir prouvé que le binage des grains et de tous les végétaux sans exception, est le plus puissant moyen pour avoir de bonnes récoltes, et par la même raison que nos ressources sont grandes, puisque nous pouvons augmenter nos produits par le seul moyen de notre labeur.

On sent que pour qu'on puisse biner les blés, il faut qu'ils soient semés bien régulièrement par raies, autrement on serait exposé à en détruire beaucoup, ou l'opération serait très-longue et très-difficile quand la terre n'est pas sale, c'est-à-dire, quand il n'y a pas d'herbes, un tour ou deux de herse à dents de fer, peut remplacer le binage; mais il ne le vaut pas, parce qu'il ne remue pas la terre aussi profondément, et qu'il a le désavantage d'arracher beaucoup de blé; cependant, il est toujours plus avantageux de le faire, car dût-il en arracher le quart, on récoltera encore plus que si on ne l'eût pas fait.

Quoique la même pratique soit applicable à tous les grains, je ne pense pas que les orges et les avoines vaillent la peine d'être binés; mais encore vaut-il mieux les semer sous la raie, à l'exception du seul cas où il s'agirait d'une terre défrichée, car alors il se trouverait des mottes que le grain ne pourrait pas percer.

DES ENGRAIS.

Les engrais sont d'une absolue nécessité dans les pays où on ne fait point de jachères (1), car bien qu'on change tous les ans la nature des récoltes, la terre ne s'en épuise pas moins; et si on ne lui rend pas par des fumiers quelconques, les sels, les huiles, les sucs qu'elle a

(1) Terme consacré à l'agriculture, qui veut dire qu'on ne laisse point reposer la terre.

perdus, elle deviendra inféconde, à moins qu'on ne lui laisse reprendre de nouvelles forces par le repos.

Dans les campagnes qui avoisinent les villes on se sert de fumier ; mais dans les plaines éloignées on emploie de la marne, du plâtre, de la poudrette et autres ingrédiens qui se trouvent en usage dans chaque pays par la proximité ; cela est tout naturel, il faut bien se servir de ce qu'on a ; mais tous ces engrais ne peuvent être considérés que comme artificiels et ne sont pas comparables au fumier, car leur effet n'excède guère une récolte ; ils ne sont pas propices à tous les sols ; et il en est même qui finissent par appauvrir la terre (notamment la marne) ; au lieu que le fumier convient à tous les terrains et à tous les genres de culture ; non seulement il engraisse la terre pour trois ans, mais il lui donne encore une légéreté qui produit trois avantages, 1°. d'empêcher qu'elle ne se durcisse et ne se crévasse ; 2°. de donner plus de facilité aux eaux pluviales de la pénétrer, et enfin de la tenir dans un état de dilatation qui lui procure la communication du calorique, premier moteur de toute végétation. Il faut bien observer de n'employer que des fumiers chauds et légers pour les terres fortes. Celui de vache ne peut convenir qu'à celles qui sont sablonneuses et légères.

POMMES DE TERRE. (1)

Après les grains, la pomme de terre peut tenir une des premières lignes dans le catalogue des produits utiles à l'existence de l'homme; elle est le plus puissant secours que la nature nous offre contre la disette ; car il est à remarquer que quand la récolte du blé manque par l'effet des pluies, les pommes de terre sont toujours abondantes ; et cette abondance est d'autant plus grande que le temps a été plus mauvais pour les grains.

Combien de malheureux furent rachetés à la vie par cette ressource dans les disettes de 1795 et 1816 ! J'ai vu des familles ne vivre que de pommes de terre pendant des semaines entières, faute de pain, sans que leur santé en parût altérée.

Ceux qui avaient du pain le ménageaient en mangeant des pommes de terre à chaque repas. Enfin d'autres, plus industrieux, en compo-

---

(1) Le perfectionnement de la culture des pommes de terre ne peut pas être déplacé ici, puisqu'elles peuvent remplacer le blé jusqu'à un certain point.

saient leur pain, ils les faisaient cuire à l'eau; les écrasaient et les pétrissaient avec leur farine. J'ai goûté de ce pain où il y avait moitié pomme de terre; je l'ai trouvé fort bon et très-appétissant; il n'a pas de goût différent et il n'y a guère qu'à sa lourdeur spécifique qu'on peut s'apercevoir qu'il n'est pas de blé pur; quand il est bien fait il est aussi beau et aussi sain, quoique toujours un peu plus lourd (1).

La pomme de terre peut suppléer au blé (2) et remplacer tous les légumes depuis le plus

---

(1) Il est à observer que la pomme de terre, quoique très-lourde en apparence, est cependant très-saine et très-peu indigeste; mais comme sa pâte ne contient point du tout de gluten et qu'elle est très-friable, on ne peut en faire du pain qu'en la mêlant avec de la farine de blé pur, pour lui donner de la liaison et de la légèreté. Elle a l'avantage de donner au pain une fraîcheur qui le rend très-agréable à la bouche.

(2) La pomme de terre est le produit le plus abondant que la nature nous donne, car un seul arpent en rapporte jusqu'à cent setiers, qui font douze cents boisseaux. Tandis que le blé ne rapporte que six setiers l'arpent, qui ne font que soixante-douze boisseaux, et un boisseau de pomme de terre fait plus de livre de pain (dans le mélange), qu'un boisseau de blé.

délicat jusqu'au plus grossier. Elle est tout aussi bien placée sur la table d'un prince que dans l'écuelle d'un pâtre, et peut servir de nourriture à l'homme et aux animaux à qui elle convient également et qui la mangent toujours avec plaisir.

C'est pourtant ce légume universel qu'on nomme le pain des gueux. Ah ! messieurs les opulens ! si ce pain des gueux était aussi rare que vos truffes indigestes et mal saines, vous les paieriez six francs la livre pour en orner vos tables !

La culture de la pomme de terre est très-simple, et elle est si généralement connue qu'il est presque inutile d'en parler ici.

On les sème depuis la mi-mars jusqu'à la mi-mai. Elles viennent également bien dans tous les sols ; elles rapportent cependant plus dans les terres fortes que dans celles qui sont sablonneuses, mais elles sont meilleures dans ces dernières. Elles exigent un peu de fumier et ne veulent point d'ombrage. Il leur faut un ou deux binages dans le cours de l'été.

J'ai encore à combattre ici une méthode accréditée au sujet du semis.

On choisit les plus belles pommes de terre pour semer, croyant obtenir une plus belle récolte ; toujours la même erreur ; car il suffit que celles que l'on sème aient des germes qu'on nomme yeux pour qu'elles produisent, la grosseur n'ajoute rien à leur vertu prolifique. Une petite graine sortie ou issue d'une belle espèce, n'est pas plus dégénérée que celle qui excéderait la grosseur ordinaire de cette même espèce; elle est toujours de la même nature, et si elle est plus petite c'est que la position où elle s'est trouvée ne lui a pas permis de prendre plus d'accroissement. Au surplus, ce que je dis n'est pas un système fondé sur des probabilités, c'est le résultat d'une suite d'épreuves réitérées tous les ans. Je récolte des pommes de terre pour l'usage de ma maison, et toujours je fais semer les plus petites, parce que j'y trouve de l'avantage ; avec les trois quarts de moins de semence que mes voisins, je récolte autant (1). En 1816 les pommes de terre ont produit abondamment ;

---

(1) J'ai fait la même épreuve avec des fèves, des poids et des haricots, et toujours le même résultat.

On a semé des épluchures de pomme de terre, dans lesquelles il s'est trouvé des germes entiers. Elles ont produit des fruits tout aussi beaux que ceux de la plus belle semence ; ce qui prouve que la plante est toute entière dans le germe.

j'en avais fait semer un demi-boisseau de petites, et j'en ai récolté vingt-deux boisseaux aussi belles que celles de mes voisins dans un terrain médiocre, ce qui fait 44 pour un, tandis que d'après l'ancienne méthode on ne récolte pas plus de 10 pour un. (1)

Actuellement voyons si je serai d'accord avec l'ordre de la providence qui a voulu qu'il y eut des petites et grosses graines. Examinons quel a pu être son but en agissant ainsi.

Le Créateur en nous mettant sur terre nous l'a donnée sans réserve ; il a pourvu à tout, et rien de ce qui peut être utile à nos besoins, à nos jouissances, et même à nos plaisirs, n'a été oublié. En bon père prévoyant, non seulement il nous a tout donné, mais encore il nous a tout assuré; car la base de notre existence (qui est le régne végétal) est fondée sur des lois si solides qu'il ne nous serait pas plus possible d'abuser de l'œuvre de Dieu que de le détruire ; et quand nous pourrions détruire tout...... tout renaîtrait, parce que nous ne pourrions pas détruire le principe. La preuve est

---

(1) Cette méthode n'est pas plus productive ; mais elle est plus économique, puisqu'avec moins on récolte autant et tout aussi beau.

que nous ne pouvons pas seulement détruire les mauvaises herbes qui nous nuisent.

Un bon père se sacrifie pour ses enfans, il les établit, leur donne son bien et ses conseils, fait des vœux pour leur prospérité, mais c'est tout ce qu'il peut pour eux. Dieu non seulement nous donne, mais il fait plus encore, il nous garantit la jouissance perpétuelle de ses dons.

Le Créateur, en nous donnant cette terre, nous donna les arbres, les plantes et les animaux, qui en font la richesse et l'ornement.

Quand il fait produire à un seul châtaignier jusqu'à vingt mille châtaignes par an, et qu'il fait vivre cet arbre plus de deux cents ans, ce n'est certainement pas dans la vue pure et simple de sa reproduction qu'il lui donne une aussi énorme abondance de graines, car il est clair que cette abondance serait absolument inutile si elle n'avait pas un autre but : c'est donc à nous et aux animaux que cette superfluité de graines est destinée. Or, puisqu'il est manifeste que c'est pour nous, nous devons en jouir dans la vue de notre bienfaiteur.

Quelles sont donc les vues de la providence à cet égard ? que nous fassions l'usage nécessaire des produits qu'elle nous donne ; que nous les propagions autant que nos besoins l'exigeront, que nous les perfectionnions même par notre intelligence et notre labeur, et que nous usions du tout avec une économie raisonnable.

Ainsi, d'après cette destination, puisqu'elle a donné autant de force générative et autant de vertu prolifique à une petite graine qu'à une grosse, il me semble que c'est une absurdité de manger la petite et de semer la grosse ; ce n'est pas honorer Dieu dans son œuvre, et c'est, pour ainsi dire, dégrader l'intelligence qu'il nous a donnée ; car il faudrait supposer, ou qu'il a fait des choses inutiles, ou qu'il nous condamne à lui rendre ce que nous avons de plus beau par la semence, ce qui n'est pas admissible, et certainement l'économie consiste bien à ne pas employer une féve quand un pois peut suffire.

La richesse d'un ouvrier est le travail, mais l'aisance d'une famille est l'ordre et l'économie, et où il n'y a pas d'économie il n'y a pas de bien solide et durable.

Actuellement nous allons voir quelles seraient nos ressources dans la supposition où notre population augmenterait considérablement.

On compte en France environ mille ames

(du fort au faible) par lieue carrée. Une lieue contient 5,782 arpens de terre (1) ; supposons qu'il y ait 782 arpens à déduire dans chaque lieue pour l'emplacement des villes, villages, routes, chemins, rivières, etc., il restera 5,000 arpens nets qui sont propres à la culture, car je considère tout comme bon et tout le deviendra, en effet, si la nécessité nous force à tirer parti de tout ; la platte-forme des tours de Notre-Dame même rapportera des fruits et du blé quand on le voudra.

La nature ne nous a rien donné d'inutile ; ce qui n'est pas bon à la culture du grain, l'est à celle des bois, ou le deviendra si nos besoins l'exigent (car la nécessité est dit-on la mère de l'industrie) et l'intelligence est la clef de toutes les ressources. (2)

D'après le calcul qu'on vient de voir, il n'y a qu'un individu en France par cinq arpens de terre bons à la culture ; et cependant il est bien reconnu qu'un arpent et demi peut

(1) Il est ici question de la lieue de 25 au degré, et de l'arpent mesure de Paris.

(2) Je me propose d'étendre cette matière dans mon second ouvrage.

suffire par personne en le faisant valoir en communauté.

Comme j'ai presque toujours habité la campagne, et que mon goût particulier me porte à méditer et à observer, j'ai appris à apprécier la valeur des produits ruraux d'après nature. Je connais des familles qui vivent indépendantes avec de biens petits domaines; voici les inductions que j'ai retirées de mes observations.

Une petite famille composée de quatre personnes, père, mère et deux petits enfans, peut vivre très à son aise avec six arpens de terre, en les supposant très-ordinaires, et vendre encore de quoi payer ses contributions et subvenir aux autres dépenses nécessaires. Je diviserai ce petit domaine de la manière suivante, afin que cette famille ne manque de rien.

	arpens.	
Grains.	2	»
Bois.	1	»
Pré, trèfle ou luzerne.	1	»
Vigne et verger. . . .	0	1/2
Légumes et bisailles. .	1	1/2
TOTAL.	6 arp.	

Son petit domaine étant ainsi divisé, elle

récoltera non seulement ce qui lui est absolument nécessaire, mais encore de quoi élever et nourrir des animaux qui viendront augmenter son aisance et alléger sa peine, en lui procurant mille douceurs et en partageant ses travaux.

Mais si cette famille, au lieu d'être composée de quatre personnes, l'était de quinze ou de vingt, elle jouirait d'une bien plus grande aisance, parce que plus une communauté est nombreuse et moins elle dépense, proportion gardée, tandis que plus un travail est divisé moins il est lucratif.

Supposons actuellement qu'il n'y ait que la moitié du peuple agriculteur et que chaque petite famille ait le double de terrain à faire valoir, il est clair qu'elle pourrait vendre au moins la moitié de ses récoltes, de toute nature, ce qui suffirait à l'autre moitié de la nation. Que l'on prenne une autre proportion si l'on veut, le résultat sera toujours le même.

On voit que d'après cet exposé il ne faut dans tous les cas qu'un arpent et demi de terre par individu, tandis que dans l'état actuel de notre population, il y en a réellement cinq.

Je conclurai de tous ces faits que nous ne sommes pas à beaucoup près au bout de nos ressources. On pourrait nommer beaucoup de familles qui vivent avec bien moins d'un arpent et demi de terre par individu et qui passent pour être à leur aise.

RÉSUMÉ.

La culture des grains est susceptible de perfection, puisqu'un grain de blé peut en rapporter jusqu'à cinq cents, et qu'il n'en rapporte cependant que huit, d'après la méthode d'aujourd'hui. Je sais que cette comparaison doit paraître hyperbolique, mais elle est néanmoins exacte.

La culture des grains est perfectible, puisqu'on emploie neuf à dix boisseaux de semence pour semer un arpent de terre, tandis que quatre peuvent suffire en semant dans la raie, au lieu de semer sur champ. Cette méthode donne l'avantage de semer plus également et de ne semer que juste ce qui est nécessaire. Elle est enfin celle qui présente plus de garantie pour la réussite, et qui est la plus économique. Il suffit que le grain soit enterré de deux pouces.

La culture des grains est perfectible, puisque par cette même méthode, on peut en quelque façon atténuer les effets de la gelée, ayant soin surtout de lui donner un tour de rouleau après le dégel, afin de lui redonner de l'adhérence à la terre ; car il est bien constant que la gelée déracine les grains et les tire peu-à-peu à la surface de la terre par un effet qui est peut-être plus facile à concevoir qu'à décrire. Voyez ce que j'ai dit des effets de la gelée.

Elle est perfectible à un très-haut degré par le binage qui détruit les mauvaises herbes qui vivent aux dépens de la plante cultivée et qui redonne de la sève à la terre en facilitant le calorique et les rosées de la pénétrer.

Elle est perfectible par l'emploi de la petite semence au lieu de la grosse, par la raison toute simple qu'elle est plus économique.

Enfin elle est perfectible en semant toujours de bonne heure, afin que la plante ait le temps de prendre plus de force pour résister aux intempéries des saisons qu'elle doit supporter. Ce sont les gelées et les grandes humidités en hiver ; les hâles et les sécheresses qui interceptent la végétation en été.

Qu'on me permette de revenir encore sur le binage, car je le considère comme l'opération la plus importante de la culture en général. Il suffit pour se convaincre de son utilité et de son efficacité, de jeter les yeux sur un terrain en culture et de les reporter ensuite sur une friche; sur le premier, vous ne verrez que des plantes vigoureuses d'un beau verd et d'une belle végétation, par la raison éternelle qu'une terre meuble est plus facilement pénétrée par le calorique de l'air vital qui lui apporte tous les principes de la fertilité; sur la friche, au contraire, l'on n'y voit jamais que des plantes maigres et grèles, d'une très-languissante végétation; parceque la terre étant appauvrie par des efforts, qui ne sont secondés que d'une manière très-faible, par l'air et la pluie qui ne peuvent la pénétrer que très-difficilement, finit par devenir impuissante.

L'air peut être considéré comme le principe fécondant de la terre; car elle ne peut réellement devenir fertile qu'avec sa participation.

Je bornerai ici ce premier essai de ma plume, dans la crainte d'ennuyer les lecteurs qui ont eu la bonté de me suivre jusqu'à ce moment; je leur sais d'autant plus de gré de cette complaisance, que je me reconnais moins digne de leur attention : mais je le crois trop généreux pour ne pas être indulgent.

Actuellement si les amateurs de la culture daignent m'encourager par leur suffrage, je m'occuperai du second ouvrage que j'ai annoncé ; mais quel que soit leur jugement à mon égard, je me trouverai heureux si j'ai pu participer à la découverte d'une bonne idée dans l'intérêt général.

SUPPLÉMENT

SUR

LES POMMES DE TERRE,

ET

MANIÈRE D'EN FAIRE DU PAIN.

On ne se fait peut-être pas l'idée des ressources immenses que la providence nous offre dans les pommes de terre. Je ne les placerai pas au-dessus du blé (comme l'a fait un auteur qui les relève un peu trop), mais je les mettrai au-dessus du seigle, de l'orge et de tous les autres grains dont les hommes se nourrissent, parce qu'après le blé nous n'avons rien qui soit plus propre à faire du pain. En effet, il ne manque peut-être à la pomme de terre que le gluten du blé pour faire du pain aussi beau, aussi bon, aussi léger, et on pourrait ajouter plus sain.

Je n'exagère pas, car je n'ai connu personne qui se soit trouvé incommodé pour avoir mangé des pommes de terre; cependant les indigestions de pain passent pour terribles, et celui qui est fait avec des farines gâtées pour très-mal sain, pour ne pas dire très-dangereux.

J'ai déjà dit que le pain fait avec moitié farine de blé et moitié pomme de terre ne différait, pour ainsi dire, en rien à l'œil et au goût de celui fait avec de la farine pure; qu'on pouvait, tout au plus, le reconnaître à sa pesanteur spécifique, qui est presqu'insensible, à une fraîcheur qui le rend très-agréable à manger, et à une petite teinte safrannée qui le rapproche de la brioche, surtout quand il sort du four; la croûte en a même le croustillan. J'ajouterai qu'il serait difficile de le reconnaître sans la comparaison faite avec du pain de blé pur; et cette comparaison le ferait peut-être préférer par les personnes qui aiment le pain de pâte ferme. Qu'on n'aille pas croire qu'il soit plus ferme par cette raison, il est seulement plus frais, trempe aussi bien dans la soupe, et offre un potage qui a encore quelque chose de plus agréable que le pain de blé pur, surtout au maigre.

Tout ce que je dis n'est pas supposé; dans le moment que je rédige cet ouvrage, je fais usage de ce pain que j'ai fait faire sous mes yeux, dans la vue de ne donner que des faits certains que tout le monde peut vérifier. J'en ai fait goûter à plusieurs personnes qui lui ont rendu justice, et je ne doute pas que quand il sera connu on en fasse l'usage qu'il mérite, avec d'autant plus de raison qu'il est presque moitié moins cher que le pain blanc ordinaire, et beaucoup meilleur que celui qui est fait avec tous les autres menus grains. Mais si au lieu de la moitié on ne mettait qu'un tiers de pomme de terre dans le mélange, alors on aurait du pain qui ne serait nullement différent de celui de farine pure.

Que l'on compare actuellement le pain que je viens de décrire avec celui que l'on fait avec de l'orge, du seigle, du sarrasin, etc., qui est gris ou noir, mat, lourd comme du plomb et très-indigeste, qui ne trempe pas dans la soupe et qui est très-désagréable au goût; bien certainement le choix ne sera pas douteux, car le premier mérite la préférence à tous égards.

Il est bien constant que les personnes qui font usage de mauvais pain, n'en mangent que parce qu'elles n'ont pas le moyen d'en avoir de meilleur; ce n'est jamais par goût qu'on emploie l'orge et le sarrasin : eh bien, la pomme de terre leur offre du beau et du bon pain, très-sain et très-agréable à manger, et encore au-dessous du cours du pain bis qui se vend dans le commerce, enfin du pain qui est digne d'être servi sur la table d'un prince, à deux sous et demi la livre, tandis que le plus bis, que les malheureux qui en font usage ne mangent qu'avec répugnance, vaut dans ce moment trois sous la livre (1).

MANIÈRE DE FAIRE LE PAIN DE POMMES DE TERRE.

Il est à observer qu'on ne pourrait pas faire du pain avec des pommes de terre seules, parce que leur pâte qui est friable et sans liaison ne pourrait ni lever ni former un corps solide, mais elle se lie très-bien avec la farine de blé.

Il y a deux manières de faire le pain de pommes de terre. La première est de faire cuire les pommes de terre à l'eau, de les éplucher ensuite, et de les pétrir avec la pâte dans telle proportion qu'on le juge à propos et de le faire cuire comme de coutume.

---

(1) Il est à remarquer que plus les grains sont cher, plus la proportion est en faveur des pommes de terre, parce que leur abondance est en raison inverse de celle du blé, par les raisons que j'ai données plus haut.

La deuxième méthode, celle que je préférerais par les raisons que je vais donner, est de commencer par les éplucher crues, de les laver ensuite afin qu'il ne reste point de terre et de les faire cuire avec un peu d'eau dans une chaudière bien couverte; elles cuisent très-bien de cette manière et se réduisent en pâte d'elles-mêmes; au lieu que par la première méthode il est très-difficile de les faire cuire à point, parce qu'elles s'écrasent et qu'alors on ne peut plus les éplucher, ou bien il reste des morceaux entiers qu'il est désagréable de trouver dans le pain (1); enfin la pâte n'est pas aussi belle, parce que la pellicule qui cuit avec la pomme de terre lui donne une teinte rousse.

Voici le procédé à suivre et le résultat qu'il donne.

Prenez un boisseau de pommes de terre qui pèse environ vingt-quatre livres, il vous donnera dix-huit livres de pommes de terre épluchées, qui valent à-peu-près huit sous en les

---

(1) On les passe si l'on veut dans une passoire, mais il est toujours difficile de les réduire en pâte, quand elles ne sont pas parfaitement cuites.

achetant au setier ; prenez ensuite dix-huit livres de belle farine qui coûtent environ trois livres dix sous, et suivez le procédé que j'ai donné plus haut, vous aurez au moins quarante livres de pain.

Il est à remarquer qu'un boisseau de pommes de terre donne plus de livres de pain dans le mélange qu'un boisseau de farine ; car chaque boisseau de pommes de terre épluchées pesant dix-huit livres, donne dix-huit livres de pain, tandis qu'un boisseau de farine n'en donne que seize livres ; la raison de cela est qu'un boisseau de pommes de terre est plus lourd qu'un de farine qui ne pèse que treize livres.

Je ne prétends pas discréditer la farine de blé par cette comparaison; je sais en apprécier la valeur et lui rends bien la justice qui lui est dûe : d'ailleurs, il ne serait pas possible de faire du pain de pommes de terre sans elles. Je veux seulement faire sentir tout l'avantage qu'on pourrait tirer des pommes de terre, si jamais les malheurs d'une nouvelle disette venaient nous accabler, avantage qui est d'autant plus sensible que le blé est plus cher.

On n'a peut-être jamais éprouvé en France

une disette plus cruelle que celle de 1795, et jamais peut-être n'a-t-on mangé de plus mauvais pain. Je me rappelle d'avoir vu manger du pain de son, de pois, de haricots, d'avoine et autres ingrédiens mêlés avec un peu de farine gâtée, qu'on ne pouvait se procurer que par protection et au poids de l'or. Les pâtissiers ne faisaient pas de gâteaux, parce qu'ils n'avaient pas de farine. Les traiteurs ne donnaient pas à manger, parce qu'ils n'avaient pas de pain. Les marchands ne vendaient pas, parce qu'on conservait tout son argent pour vivre ; enfin les ouvriers ne travaillaient pas, parce que le moteur général qui fait la base de notre existence et de notre commerce manquait partout.

Cependant à cette époque l'utilité des pommes de terre était déjà connue. Tous les contemporains ne se rappellent que trop, sans doute, d'en avoir vu dans les beaux carrés du parterre des Tuileries ; mais on n'avait pas encore eu l'idée d'en faire du pain ; néanmoins elles rendirent de grands services, car elles furent très-abondantes par la quantité d'eau qui tomba cette année, et c'est probablement à elles qu'on doit l'existence de plusieurs mille lions de malheureux qui auraient inévitablement péri sans cette ressource.

Nous avons vu que les pommes de terre sont toujours venues à notre secours chaque fois que les grains sont devenus rares, parce que le temps qui leur est contraire est toujours favorable aux pommes de terre, et puis on en sème davantage quand on prévoit que le blé sera cher. Je le répète, plus le temps est contraire aux grains par l'effet de l'humidité, plus il est favorable aux pommes de terre. C'est une compensation que la providence nous offre pour nous dédommager de la perte de nos moissons; mais pour que ce dédommagement nous soit profitable, il faut s'en servir dans le temps qui nous est offert pour suppléer aux grains. D'ailleurs, c'est qu'elles sont beaucoup plus nourrissantes et plns agréables à manger comme pain que tout autrement; sans assaisonnement, elles ont une dureté et une fadeur qui rebute promptement les personnes qui n'ont pas l'habitude de cette nourriture; au lieu que dans la panification, non seulement elles perdent cette âcreté, mais elles donnent encore une saveur très-appétissante au pain.

La pomme de terre est saine et bonne de

telle manière qu'on en fasse usage ; mais ce n'est que dans le pain qu'il nous serait peut-être possible d'en faire un usage habituel comme nourriture, parce que c'est le moyen qui est le plus en rapport avec notre manière de vivre.

On voit par tout ce que j'ai dit des pommes de terre, qu'elles nous offrent une ressource immense dans la nécessité. En 1816 que les grains ont manqué par l'effet des pluies, elles ont rapporté jusqu'à cent setiers par arpent, tandis que les blés n'en donnent que quatre ou cinq (du fort au faible), qui, encore, furent d'une très-mauvaise qualité.

On ne tarirait pas si l'on voulait parler de tous les avantages que les pommes de terre nous offrent. Elles rapportent plus que tous les grains connus, donnent du plus beau pain que le seigle et l'orge, et plus sain et à meilleur marché. Leurs feuilles peuvent servir à la nourriture des vaches. Elles ont encore l'avantage de ne point épuiser la terre qui rapporte de très-beau blé l'année suivante, surtout si on a mis un peu de fumier en les semant.

FIN.

www.ingramcontent.com/pod-product-compliance
Ingram Content Group UK Ltd.
Pitfield, Milton Keynes, MK11 3LW, UK
UKHW021649260726
13994UKWH00003B/1363

9 782329 460536